AF322202

PRÉCIS

DES FAITS
ET OBSERVATIONS

Relatifs à l'Inondation qui a eu lieu
dans Paris, en Frimaire et Nivôse de
l'an X de la République française;

RÉDIGÉ PAR LE C^{en}. BRALLE,

INGÉNIEUR HYDRAULIQUE EN CHEF DU DÉPARTEMENT
DE LA SEINE;

ET IMPRIMÉ PAR ORDRE DU CITOYEN DUBOIS,

CONSEILLER D'ÉTAT, PRÉFET DE POLICE.

A PARIS,

CHEZ BERTRAND-POTTIER, IMPRIM.-LIBRAIRE,
RUE GALANDE, N°. 56.

VENTOSE AN XI. (1803.)

A V I S.

LE Plan ci-joint est une réduction, aussi exacte que
sa petitesse a pu le permettre, de celui de l'inondation,
levé et rapporté par le C^{en}. Bralle sur le grand Plan de
Paris du C^{en}. Verniquet.

PRÉCIS

Des Faits et Observations relatifs à l'Inondation qui a eu lieu dans Paris, en Frimaire et Nivôse de l'an X de la République française.

Sı tous les efforts des hommes sont impuissans pour arrêter les progrès d'une inondation, il est au moins des mesures qui peuvent en prévenir ou en diminuer les effets. C'est en profitant des leçons de l'expérience, en observant tous les faits et en les recueillant avec soin, qu'on peut se mettre en garde contre un élément d'autant plus terrible, qu'il s'irrite des obstacles, et n'en devient que plus furieux.

L'inondation de l'an 10 présente un caractère et des circonstances qui méritent de fixer l'attention des savans : cette inondation, presqu'aussi considérable que celle de 1740, qui ne l'a surpassée que de 45 centimètres, paraît cependant ne point avoir la même origine. L'hiver de 1739 avait été très-long et très-rigoureux : une grande quantité de neige couvrait, dès le commencement d'octobre, tous les pays traversés par la Seine et par les rivières qui y affluent ; le mois de décembre avait été extraordinairement pluvieux pendant tout le tems du dégel. En l'an 10 au contraire, il n'y avait presque point eu de neige : à la vérité, des pluies assez fréquentes étaient tombées pendant les six mois qui avaient précédé l'inondation ; mais elles avaient été si peu abondantes, que, dans le cours de ces six mois, la Seine ne s'était point soutenue à un mètre au-dessus des plus basses eaux de 1719, et qu'elle n'avait surpassé cette mesure que pendant 28 jours répartis entre plusieurs époques très-éloignées les unes des autres. Ce fut en brumaire seulement que les eaux s'élevèrent au-dessus du second mètre; et le dernier jour de ce mois, elles n'étaient qu'à un mètre 83 centimètres.

Si on se rappelle que, vers ce tems, on ne s'entretenait que de débordemens subits, de ravages produits par des ouragans, de secousses de tremblemens de terre, on pensera peut-être que tout ce qui a précédé et suivi l'inondation de l'an 10 semble attester quelqu'une de ces grandes convulsions auxquelles la nature est sujette, survenue au loin, encore inconnue, mais que le tems pourra révéler. Au surplus, quelle qu'en soit la cause, tout présageait que Paris ne serait point à l'abri d'un fléau qui ravageait une grande partie de l'Europe, et la prudence commandait des précautions.

Dès le 14 brumaire, le Préfet de police rendit une ordonnance qui fixait les emplacemens destinés à servir de gare aux bateaux chargés de marchandises; indiquait aux marchands et voituriers par eau, des mesures pour les garantir des accidens, en cas de crue ou de glaces; enjoignait aux facteurs et triqueurs de poissons, de ranger leurs boutiques de manière à laisser des passages libres à la navigation ; prescrivait, dans le cas où la rivière commencerait à charier, de décharger tous les bateaux, et ensuite de les remonter ou descendre dans les gares ; de déchirer ceux jugés hors d'état de servir, et de fermer ou amarrer solidement tous les moulins, bains et autres usines.

Cette ordonnance défendait de déposer ou laisser séjourner sur les ports, berges et bords de rivière, aucuns matériaux qui, pouvant être submergés par la crue subite des eaux, exposeraient les bateaux à être endommagés ou à périr avec leur chargement. Elle obligeait tous ceux qui auraient repêché des objets naufragés, à en faire la déclaration dans les vingt-quatre heures ; prononçait des peines contre les contrevenans et chargeait toutes les autorités compétentes, tant dans le département de la Seine que dans les communes de St.-Cloud, Sèvres et Meudon, ainsi que les agens de la préfecture de police, de tenir, chacun en ce qui le concernait, la main à son entière exécution. Tandis qu'on s'en occupait, les eaux de la Seine croissaient rapidement.

Le 10 frimaire, elles étaient à 4 mètres 32 centimètres au-dessus du zéro de l'échelle placée au pont de la Tournelle, et la gelée commençait à se faire sentir.

Le 14, elles avaient atteint 5 mètres 62 centimètres et couvraient la route de Versailles : elles interceptaient également le passage aux gens de pied sur les quais d'Orsai et du Louvre, sur les ports de la Rapée, de l'Hôpital, de St.-Bernard et de la Grève. Des chemins en planches et des bachots rétablirent les communications, et on fixa la rétribution à payer pour ces passages. Pendant la nuit, on entretint des terrines allumées sur tous les points où les eaux se portaient, et des sentinelles furent chargées de garder les effets sauvés de la submersion : la surveillance la plus active s'étendait sur tous les points à mesure de l'accroissement des inquiétudes et du danger.

On ne transcrira point ici littéralement les nombreux rapports qui indiquaient à chaque instant, et le progrès des eaux, et les détails des désastres qu'elles occasionnaient : ils existent et pourront être consultés au besoin. On se bornera, dans ce précis, à donner l'analyse des principaux événemens qui doivent se lier au souvenir d'une inondation malheureusement trop mémorable.

Dans la nuit du 18 frimaire, les eaux étant à 6 mètres 22 centimètres, on repêcha quelques débris de bateaux et l'enseigne d'un marchand de vin demeurant au port d'Yvri. Des meubles flottans annonçaient que déjà des habitations avaient été entraînées par les eaux, lorsque des cris, *à moi, au secours*, et les hurlemens d'un chien, en se faisant entendre du côté du Jardin des plantes, vinrent accroître la terreur. On prépare, on multiplie les secours ; mais il n'est plus possible de les diriger, et les regards errans cherchent envain la malheureuse victime à la pâle lueur des flambeaux.

Cependant les eaux continuaient de s'élever, et le jour, en permettant de distinguer les débris dont elles étaient couvertes, fit connaître que leurs ravages s'étendaient de plus en plus. Les vents secondèrent leur fureur, et le 19 on fut instruit qu'une trentaine de bateaux de charbon de terre avaient été engloutis dans les gares de Charenton ; que deux thoues chargées de vin avaient coulé bas à Bercy ; mais que leur chargement avait été sauvé : on apprit que les vagues avaient abattu les murs de clôture de la verrerie de la Gare, déraciné toutes les haies, et renversé çà et là plusieurs portions de bâtimens.

Le Préfet de police prit de nouvelles mesures pour la conservation des objets repêchés, et les recommanda à tous les maires des communes riveraines de la Marne et de la Seine, dans l'arrondissement de la préfecture de police.

De son côté, l'inspecteur général de la navigation et des ports veillait, avec ses collègues, à ce qu'on recueillit tout ce qui était échappé à la vigilance des autorités riveraines ; les commissaires de police maintenaient l'ordre dans Paris, et tous agissaient de concert.

Les journées des 20, 21 et 22 ne présentèrent rien de remarquable ; cependant la crue des eaux parvint à 6 mètres 21 centimètres, les terres rapportées qui formaient la pointe orientale de l'île Louviers furent entraînées et suivies de quelques affouillemens dont on arrêta les progrès ; on repêcha des débris venant du haut, les grilles qui fermaient les voûtes du quai de Gèvres, une guérite et autres objets de peu de valeur.

Les eaux, en commençant à baisser le 23, firent renaître l'espérance : elles diminuèrent encore pendant les derniers jours de frimaire et jusqu'au 4 nivôse, époque où elles n'étaient plus qu'à 3 mètres 35 centimètres.

Dans le cours de ces douze jours il ne se passa rien d'important, à l'exception d'une barquette chargée de vin qui coula, dans la nuit du 29 frimaire, près de la ruelle de Bercy, et dont on ne put sauver que six pièces.

Le 5 nivôse, les eaux augmentèrent brusquement de 80 centimètres ; le 6, elles redescendirent à 4 mètres, s'y maintinrent pendant le 7 ; mais le 8, l'alarme se répandit de nouveau, en les voyant à 4 mètres 22 centimètres ; le 9, elles étaient à 4 mètres 41 centimètres ; le 10, à 5 mètres 15 centimètres ; le 11, à 6 mètres 20 centimètres ; et le 12, à 7 mètres 10 centimètres ; c'est-à-dire à 89 centimètres de plus que dans l'inondation précédente.

Du moment où le danger reparut, les précautions furent soutenues avec plus d'activité que jamais.

Le pont Saint-Michel, et plus particulièrement celui de Grammont, dont les arches étaient presque entièrement sous l'eau, donnaient par leur vétusté les plus vives inquiétudes.

Le Préfet de police convoqua sur-le-champ une commission pour indiquer les moyens de prévenir la

chute

chute du second, et s'assurer des dangers que le premier pouvait courir : elle fut, en outre, chargée de proposer toutes les précautions que la prudence exigeait.

Des sondes ayant rassuré sur la solidité du pont Saint-Michel, on s'occupa des mesures relatives à la conservation de celui de Grammont, dont la rupture aurait occasionné les accidens les plus graves. L'ingénieur hydraulique fut chargé de leur exécution, de concert avec l'ingénieur en chef et l'ingénieur ordinaire du département.

L'architecte commissaire de la petite voierie eut ordre de veiller à ce que tous les cabinets en saillie sur la rivière, dépendans des maisons formant le pâté du Marché-Neuf, ainsi que les autres logemens portés en encorbellement et tenant aux maisons de la rue St.-Louis, fussent promptement évacués. Les mêmes précautions furent prises pour toutes les maisons bordant les rives du bras méridional de la Seine.

Le contrôleur général des bois et charbons secondait, en ce qui le concerne, les inspecteurs de la navigation et des ports. Là, on repêchait des vins et on les mettait à l'abri d'une nouvelle submersion ; des militaires envoyés par le commandant de la place veillaient à leur sûreté : ici, on rompait le cordon d'un parapet, quai de l'Union, pour dégager un bateau de charbon de bois menacé de naufrage : plus loin, on sauvait trois enfans tombés en traversant l'eau sur des planches, à la Grève ; au port Saint-Nicolas, on retirait vivante une femme également tombée accidentellement ;

B

d'un autre côté, on envoyait par terre, à Yvri, un batelet au secours de plusieurs personnes que les eaux tenaient enfermées.

Les ordres du Préfet de police, transmis par ses bureaux avec la rapidité de l'éclair, précédaient, pour ainsi dire, les demandes qu'il recevait.

Le Préfet de la Seine-Inférieure était journellement informé de toutes les variations de la rivière.

On ne parlera point des dégâts que les eaux ont occasionnés dans les boutiques et dans les lieux bas de Paris : un plan très-exact, levé par ordre du Préfet de police, en indiquant tous les points qui ont été inondés, la hauteur à laquelle l'eau s'est élevée sur une multitude de ces points, et les quartiers où elle a pénétré dans les caves, mettra bien mieux à portée de les apprécier, qu'une longue et froide description, dont, au surplus, comme on l'a déjà dit, tous les détails circonstanciés se trouvent réunis dans une foule de rapports qui ne laissent rien à desirer. Il importe bien plus de savoir que, de toutes parts, la correspondance établie avec les maires des cantons ruraux alimentait les plus vives inquiétudes. Ils avaient reçu l'invitation de faire constater les hauteurs de l'eau, jour par jour ; de faire rechercher les bois, vins et autres objets naufragés qui auraient pu être retirés, et de faire passer leurs rapports à la préfecture de police : tous y mirent un zèle et un dévouement sans bornes.

Dans la journée du 13 nivôse, une pipe, 17 pièces, et 5

feuillettes de vin furent repêchées depuis Passy jusqu'à Sèvres, en grande partie par les soins du préposé en chef à la patache du bas. Les eaux étaient alors à 7 mètres 32 centimètres, et pour comble de malheur, la rivière chariait fortement.

A Bercy, deux boutiques à poissons viennent d'être emportées : à Brie-sur-Marne, plus de 89 hectares de terre sont sous les eaux : à Charenton-Saint-Maurice, une maison située dans la grande rue de cette commune est fort endommagée ; à Choisy-sur-Seine, plusieurs habitations sont inondées et dégradées : on y repêche des bois, des vins, des cloisons, des portes, enlevés aux communes supérieures : à Gennevilliers, l'eau a fermé tout-à-coup les issues de cette commune ; la grande route est interceptée, et les habitans se sauvent, à 3 heures du matin, à travers les flots et les glaces. A l'île Saint-Denis, l'eau s'élève en divers endroits jusqu'à un mètre 30 centimètres ; une grande partie des habitans n'a trouvé de refuge que dans l'église, et ils y ont fait entrer leurs bestiaux, quoique déjà la nef soit presque entièrement submergée ; les murs des jardins cèdent de tous côtés aux efforts du courant et des glaces. Les trois quarts des habitans d'Yvri sont forcés d'abandonner leurs demeures. Maisons-Alfort voit couler dans ses rues les eaux réunies de la Marne et de la Seine disputant de fureur pour tout dévaster. D'un autre côté, elles baignent les murs de Nanterre et couvrent, sur 130 centimètres de hauteur, plusieurs parties de la grande route de St.-Germain : deux cent vingt-cinq hectares du territoire de cette commune sont devenus la proie de l'inondation. A St.-Maur-les-Fossés, l'œil est obligé d'atteindre à un quart de lieue pour mesurer ce que les eaux ont recouvert. Les glaçons, non moins des-tructeurs, renversent les murs, arrachent les haies, coupent ou mutilent tous les arbres.

Saint-Ouën n'est pas mieux traité.

Les maisons de Sèvres sont au milieu de l'eau ; les routes qui conduisent au pont et à la verrerie, sont interceptées ; le parc de Saint-Cloud est inaccessible. Deux arches du pont de Sèvres viennent d'être for-tement ébranlées par le choc de deux trains de bois de marine échappés de Brimborion.

Au midi, les eaux de la rivière de Bièvre, refoulées par celles de la Seine et grossies par ses affluens, franchissent les berges et inondent tous les terreins qui bordent ses rives, tant dans Paris qu'au-delà de ses murs.

Une maison sise au milieu des marais, rue de Po-liveau, inondée à la hauteur de 2 mètres 60 centi-mètres, désertée par les C^{ens}. Maurice et son gendre, servait encore d'asile à leurs femmes, dont une, grièvement malade, n'avait pu être transportée : le C^{en}. Georget, suivi de sept braves gens, entreprend de les sauver ; il y parvient.

Plus exposée à l'action du courant, une maison-nette, située près du passage d'eau des Invalides, est entraînée de fond en comble.

L'île de la Fraternité, que la hauteur de ses quais semblait devoir garantir, est couverte dans sa partie orientale de 50 centimètres d'eau, et la pensée ne se reporte qu'avec effroi vers l'estacade, trop basse de plus de 71 centimètres pour être au niveau des glaces qui la franchissent.

Une partie de la barrière de la Rapée et la petite patache de ce port sont entraînées.

Une observation de l'inspecteur général de la navigation et des ports, qui avait remarqué que l'eau s'était élevée à 7 mèt. 45 cent., à une heure de la nuit, tandis qu'elle n'était plus, comme on l'a dit, qu'à 7 mètres 32 centimètres à la pointe du jour, en prouvant une diminution de 13 centimètres, vint à l'appui d'une lettre du contrôleur général des bois et charbons, qui rassurait sur les craintes qu'avaient inspirées les bois déposés dans l'île Louviers. D'après son avis et celui de plusieurs marchands, on suspendit l'exécution des mesures adoptées pour la conservation du pont de Grammont, et on s'occupa des moyens d'en rétablir le passage.

La nuit suivante paraissait encore devoir être affreuse ; mais, heureusement, les eaux diminuèrent progressivement, et le 14 nivôse au matin, elles avaient baissé de 44 centimètres.

Le même jour, on apprit que les glaces s'étaient arrêtées au pont de Charenton, et que les meuniers, effrayés, avaient été obligés d'abandonner leurs moulins : que sur douze bateaux de charbon de terre garés

au-dessous de la verrerie de l'Hôpital, et entraînés
par les glaces, deux seulement avaient pu être arrê-
tés; que les dix autres étaient engloutis; et que deux
thoues de charbon venaient de se briser contre les
piles du pont de Sèvres.

Si les eaux étaient devenues moins menaçantes, la
rigueur du froid présentait un nouveau genre d'in-
quiétude. Dix-huit chantiers, bordant le port Saint-
Bernard, étaient inaccessibles, et les glaces, réunies
en masses énormes, fracassaient ou entraînaient tout
ce que le débordement semblait avoir respecté.

Un couplage chargé de quarante-une pièces de vin,
passant sous la grande estacade, vient donner contre
deux bateaux de charbon de bois; la petite patache
d'observation est emportée jusqu'au port St.-Bernard;
quatorze bateaux de charbon de terre franchissent
le pont de la Tournelle, et inspirent d'autant plus de
crainte, que, sur trois de ces bateaux, on a remarqué
des feux allumés. Un gros bateau marnois disparaît;
la roulette du bureau des arrivages rompt ses amarres,
et cède au torrent; plusieurs bachots sont écrasés.
Une barquette, chargée de soixante-une pièces
et de cent vingt-cinq feuillettes de vin, se porte en
travers de l'estacade, et le marinier qui la montait, ne
se sauve qu'en se jetant à la nage.

Trois margotats, chargés de quatre-vingt-dix feuillettes de vin, sont entraînés et perdus, ainsi que
deux bateaux garés à la Rapée, portant ensemble
trois cent quarante pièces de vin. Un de ces bateaux

et une boutique à poissons, se précipitent sur la pompe Notre-Dame, en fracassent le brise-glace qui tient cependant assez pour donner le tems de retirer quelques pièces de vin.

Malgré la rigueur de la saison et les difficultés du travail, l'ingénieur hydraulique parvint à rétablir ce brise-glace avant la débâcle.

Dans la nuit suivante, une thoue de charbon de terre, fermée au port des Saints-Pères, fut se briser contre le pont des Tuileries, tandis qu'un batelet éprouvait le même sort au pont de la Tournelle, et qu'un bateau novice et en vidange, garé au port de l'Arsenal, disparaissait également sous les glaces.

Au milieu de ce chaos, l'inspecteur général de la navigation et des ports eut le tems de faire placer des pieux d'amarres dans les jardins de la maison de Bretonvilliers, et, secondé par l'ingénieur hydraulique, tous les bateaux placés le long de l'île y trouvèrent des points suffisans de résistance.

Le 15, les eaux n'étaient plus qu'à 6 mètres 43 centimètres ; mais les glaces acquéraient de l'intensité et devenaient de plus en plus redoutables : déjà le bras du Mail était entièrement gelé. On prit des précautions pour entretenir sur le pont de l'île Louviers une circulation que l'épuisement des provisions particulières commençait à faire desirer vivement.

Vers le soir, on fut informé que les bâtimens de la verrerie, près la Gare, entièrement environnés d'eau et de glaces, et dont une partie avait déjà été ren-

versée, contenaient un grand nombre de personnes
à la veille de périr de faim. Le Préfet de police char-
gea aussitôt l'inspecteur général de la navigation et
des ports de prendre les mesures les plus promptes
pour porter des secours à ces infortunés.

Le 16, à la pointe du jour, le citoyen Magin
accompagné de quelques hommes auxquels il com-
munique son intrépidité, s'arment d'outils, se mu-
nissent de paille, se frayent un chemin au travers des
glaces, et arrivent à 150 mètres des bâtimens ; mais
la profondeur et la rapidité de l'eau ne leur per-
mettent plus d'approcher : un batelet peut lever cet
obstacle ; on le cherche, on le traîne sur les glaçons,
et malgré sa fragilité, malgré le danger imminent,
ils parviennent à sauver soixante personnes qui n'a-
vaient presque plus de vivres et que l'espoir aban-
donnait.

D'autre part, le Préfet de police faisait passer
des cordages à St.-Cloud pour retenir un moulin
dont les amarres, en partie coupées par les glaces,
n'étaient plus assez fortes pour leur résister ; il faisait
délivrer des certificats et des attestations aux propriétaires des bateaux naufragés, pour qu'ils pussent
réclamer leurs effets repêchés dans diverses communes. Il recommandait de prendre soin de cinq
barquettes descendues sans conducteurs ; il préve-
nait le Préfet de la Seine-Inférieure de l'accroissement des glaces et de la prise de la Marne au-dessus
de Charenton, en même-tems qu'il l'informait que

l'échelle

l'échelle du pont de la Tournelle ne marquait plus que
5 mètres 88 centimètres; il veillait à ce que les grilles
des voûtes du quai de Gêvres fussent enchaînées
pour n'être point entraînées de nouveau; il donnait
l'ordre de porter tous les secours possibles à un
bateau de charbon de terre, qui venait d'être entraîné
du port des Théatins.

Le 17, la rivière n'était plus qu'à 5 mètres 28 centimètres de hauteur; mais les glaçons s'accumulaient
et occupaient déjà plus de 240 mètres tant au-dessus qu'au-dessous du pont de Grammont : on ne
pouvait plus remonter de bateaux vers la petite
estacade; trente-six hommes furent employés à rou-
vrir le passage.

La promptitude de la crue et la hauteur extraordi-
naire de l'eau n'avaient point permis de fermer, suivant
l'usage, la grande estacade entre l'île Louviers et celle
de la Fraternité. En vain avait-on rassemblé dans le
bras qu'elle défend, tous les bateaux qu'il pouvait
contenir; les glaces y pénétraient et devaient tout
anéantir si rien ne s'opposait à ce qu'elles s'y préci-
pitassent au moment prochain d'une débâcle que tout
annonçait devoir être terrible. L'ingénieur en chef des
ponts et chaussées, l'ingénieur hydraulique et l'inspecteur général de la navigation et des ports, convoqués
le soir même, furent chargés de tout préparer pour
cette importante opération. L'extrême rapidité du
courant et sa grande profondeur rendaient impra-
ticables les moyens usités; les avis se partageaient et

C

redoublaient l'anxiété générale, lorsqu'enfin la baisse
des eaux permit de placer la première poutre trans-
versale : ce point d'appui gagné, on s'occupa de placer
les aiguilles. Les eaux baissèrent encore ; on parvint,
avec des peines infinies, à placer la seconde poutre,
et dès-lors on devint plus tranquille. La petite estacade
offrait moins de difficultés, et toutes deux, enfin,
purent être fermées avec une solidité rassurante.

L'expérience venait de démontrer que l'estacade
n'avait point été originairement portée à une assez
grande hauteur, puisque les eaux, quoiqu'inférieures
à celles de l'inondation de 1740, l'avaient couverte de
71 centimètres.

Le Préfet de police en a depuis requis et obtenu
l'exhaussement : elle est actuellement au niveau du
parapet du mur de quai de l'île de la Fraternité :
il ne reste plus qu'à employer quelque moyen facile
et prompt de l'ouvrir et de la fermer, en tous tems,
à volonté. Quoique cet exhaussement n'ait été fait que
postérieurement à l'inondation, comme il en a été une
suite, on a pensé qu'il convenait d'en faire mention ici.

Le 18, la rivière n'étant plus qu'à 4 mètres 99 centimètres, plusieurs bateaux chargés de vin furent
néanmoins brisés par les glaces et coulés à fond : des
pièces de vin déposées sur le port furent aussi
entrainées. On en repêcha, dans Paris, soixante-cinq ;
des précautions furent prises pour qu'elles ne pussent
être rendues qu'aux propriétaires.

On a vu que la plus grande hauteur de l'inondation
avait été remarquée le 13 nivôse, vers une heure

du matin, et que l'échelle du pont de la Tournelle indiquait alors 7 mètres 45 centimètres. Cette hauteur répond à-peu-près à 22 pieds 11 pouces de l'ancienne mesure, dont M. Bonamy, de l'académie des inscriptions et belles-lettres, a fait usage dans son intéressant Mémoire sur l'inondation de 1740. Ce savant en a fixé le *maximum* à 24 pieds 4 pouces, mesurés du même point. La différence entre ces deux inondations est donc de 45 centimètres, ou d'un pied 5 pouces ; mais, en consultant quelques autres observations, elle paraîtrait n'avoir été que de 5 centimètres.

La préférence qu'on a cru devoir donner au résultat présenté par M. Bonamy, est fondée, 1°. sur ce que le point de comparaison pris au pont de la Tournelle étant le même pour les deux inondations, et le volume entier des eaux ayant été forcé de passer, aux deux époques, par ce pont et par le pont Marie, le plus ou moins de hauteur observée sur l'échelle commune doit indiquer positivement le plus ou moins grand volume des eaux, et conséquemment la plus forte des deux inondations ; 2°. sur ce qu'ayant vérifié la différence du niveau des eaux de l'an 10 et de celles de 1740, d'après des repères placés en plusieurs endroits dans Paris, et tracés avec assez de soin pour inspirer de la confiance, on a trouvé que la dernière crue a été plus basse de 19 pouces et demi à 20 pouces, ou de 53 à 54 centimètres, qu'en l'année 1740 ; ce qui s'accorde avec la hauteur indiquée par M. Bonamy, les 30 lignes ou 7 centimètres qu'il a trouvés en moins pouvant provenir de ce que l'écou-

lement en *aval* étant plus facile qu'en *amont* des ponts
Marie et de la Tournelle, les eaux ont dû tirer avec
plus de force au-dessous de ces deux ponts, et baisser
proportionnellement plus en l'an 10 qu'en 1740. Il
paraît donc constant que la différence entre la hauteur
des eaux de 1740 et celles de l'an 10, est de 45 centimètres, et que les premières ont dû s'élever à 7 mètres
90 centimètres sur l'échelle du pont de la Tournelle,
ainsi qu'on le marquait autrefois, au lieu de 7 mètres
37 centimètres, auxquels on avait cru devoir les réduire,
depuis quelques années, sur le tableau annuel de
l'étiage. Il est d'autant plus essentiel de fixer l'opi-
nion à cet égard, qu'elle doit influer beaucoup sur le
niveau qu'il convient d'établir pour les rues et rez-
de-chaussées des quartiers qui, jusqu'à ce jour, ont
été sujets aux grandes inondations.

Il n'est pas moins important de remarquer que
l'inondation de 1658 est la plus forte de celles dont
on a conservé la tradition, et qu'en 1767 les eaux ont
été plus basses de 3 décimètres qu'en 1719, époque où
la sécheresse avait paru extrême. Si on ajoute à cette
observation, que le fond du lit de la rivière s'est successivement élevé, ainsi qu'on en a des preuves, ne
sera-t-on pas porté à croire que le volume général des
eaux diminue, comme le pensent plusieurs savans ?

Pour ne rien laisser à desirer de tout ce qu'il importe
de connaître dans l'inondation de l'an 10, on a cru
devoir présenter le tableau de la crue et de la diminution journalières de la Seine, observées à l'échelle
du pont de la Tournelle.

FRIMAIRE.			NIVOSE.		
Jours.	Mètres.	Centimètres.	Jours.	Mètres.	Centimètres.
9	4,	20.	1	3,	50.
10	4,	32.	2	3,	41.
11	4,	60.	3	3,	44.
12	4,	96.	4	3,	95.
13	5,	30.	5	4,	15.
14	5,	50.	6	4,	00.
15	5,	62.	7	4,	00.
16	5,	75.	8	4,	22.
17	5,	98.	9	4,	41.
18	6,	22.	10	5,	15.
19	6,	18.	11	6,	20.
20	6,	13.	12	7,	10.
21	6,	20.	13 {	7,	45. *
22	6,	21.		7,	32. **
23	6,	18.	14	6,	88.
24	6,	08.	15	6,	43.
25	5,	84.	16	5,	88.
26	5,	59.	17	5,	28.
27	5,	30.	18	4,	99.
28	4,	90.	19	4,	70.
29	4,	35.	20	4,	48.
30	3,	80.	21	4,	20.
			22	3,	93.

* A une heure du matin.
** Au jour.

Au moment où les eaux étaient parvenues à leur plus grande hauteur , elles étaient de 2 mètres 90 centimètres au-dessus du sol de la rue Grange-aux-Meuniers, rive droite, au coin du mur de Bercy , et atteignaient l'angle de la rue de ce nom, qu'elles occupaient entièrement; puis remontant à travers les jardins et marais, elles baignaient, à 200 mètres de distance de la barrière de Charenton, le pied du mur de soutenement de la chaussée, sur un mètre de hauteur; inondaient le boulevard extérieur jusqu'à 260 mètres de l'angle du pavillon de cette même barrière , et contournant les murs de clôture des propriétés qui bordent la rue de Charenton, dans l'intérieur, elles couvraient le carrefour formé par cette rue et celle de Reuilly jusqu'à celui de la rue de Beauveau. Le sol de ce carrefour étant un peu plus élevé, ne leur permit de rentrer dans la rue de Charenton qu'à quelques mètres en-deçà de la rue des Charbonniers, qui seule, dans cette partie, resta presque entièrement à sec. De ce point, en suivant les rues Traversière et Saint-Nicolas, elles parvinrent jusqu'à la grande rue du faubourg Saint-Antoine , dont elles mouillèrent quelques mètres superficiels des parties basses correspondantes aux ruisseaux : quant à la rue de Charenton , elle fut couverte jusqu'un peu au-delà de celle Moreau, dans laquelle les eaux ne pénétrèrent que par la rue de Bercy , et sur une longueur de 60 mètres seulement. La rue des Terres fortes fut également à l'abri de l'inondation, mais les terreins

qui la bordent de droite et de gauche, ainsi que ceux
que traverse la rue Moreau, furent noyés, à l'exception
du ci-devant couvent des Anglaises.

En redescendant vers la rivière, le cul-de-sac St.-
Claude servit de limites à l'inondation, ainsi que les
murs des fossés de l'Arsenal et ceux des maisons et
jardins bordant le Mail dans toute sa longueur.
L'égoût de la rue du Petit-Musc lui ayant donné une
issue, elle monta jusqu'à la rue des Lions, intercepta
l'entrée de l'Arsenal, et vint battre le pied de la
chaussée du pont de Grammont.

Il est bon de remarquer qu'en s'en tenant littéralement à la description de M. Bonamy, on serait
porté à croire que la différence entre la hauteur des
inondations de 1740 et de l'an 10 n'est pas aussi considérable qu'on l'a dit plus haut, puisqu'en l'an 10
l'eau a mouillé le seuil de la porte de l'Arsenal, et
qu'en 1740, il n'en était couvert que d'un pied
(32 centimètres), tout au plus, tandis qu'il aurait dû
l'être de 17 pouces, ou 45 centimètres environ ; mais
si l'on considère que, d'après M. Bonamy, tout le quai
des Célestins a été couvert en 1740, et que les eaux ont
monté dans la rue St.-Paul, qui a beaucoup de pente,
jusqu'à celle des Lions, et qu'en l'an 10 le quai est
resté à sec ; que l'eau s'est arrêtée à l'entrée de la rue
St.-Paul, c'est-à-dire à 55 mètres de celle des Lions, on
reconnaîtra facilement qu'il est probable que le pavé
a été baissé de 5 pouces, ou 13 centimètres, sous la porte
de l'Arsenal, ou que la mesure donnée par M. Bonamy,

comme une simple évaluation, n'était point exacte.

La même observation s'applique au quai Pelletier. En 1740, les eaux ne parvinrent que jusqu'à la première boutique qui en fait l'encoignure, et en l'an 10 elles ont également atteint cette encoignure lorsqu'elles auraient dû en rester à une assez grande distance, si le sol n'eût pas été baissé.

En 1740, elles entrèrent dans la rue de la Tixéranderie, et en l'an 10, elles s'arrêtèrent à plus de 10 mètres de la partie de la rue du Mouton, qui est bordée de maisons des deux côtés; d'où on doit conclure qu'il y a eu des points du sol de la place de Grève qui ont été abaissés, et d'autres successivement relevés.

En se reportant à l'Arsenal, on voit que les eaux suivirent le mur du quai des Célestins, interceptèrent la communication des rues St.-Paul, des Barrés et de l'Etoile avec le port, qui était totalement inondé. Au-delà du pont Marie, elles pénétrèrent sur le quai des Ormes par le grand escalier, qui est au bout du parapet, et couvrirent tout le port de la Grève, sur lequel elles s'élevèrent à 2 mètres 32 centimètres mesurés au coin de la rue des Morts. Elles parvinrent dans la rue de la Mortellerie par les petites rues des Barres, des Morts, de Longpont, Grillée, Pernelle et des Audriettes. La place de Grève en fut couverte jusqu'à l'entrée des rues du Martoy, du Mouton, de Jean-de-l'Epine, de la Vannerie, de la Tannerie et du quai Pelletier : elles avaient de hauteur 20 centimètres sur le pavé au pied du per-

ron

ron de la Maison commune, dont elles couvraient
un peu la première marche; 6 centimètres à l'angle
de la maison qui fait le coin de la rue du Mouton,
sur la place; un mètre 24 centimètres au coin de
la rue de la Mortellerie et un mètre 58 centimètres
au pied du socle qui termine le parapet du quai
Pelletier. Contenues ensuite par les murs des quais
de Gèvres et de la Mégisserie, elles ne purent en in-
tercepter le passage qu'au droit des rues des Fu-
seaux et des Quenouilles. En aval du Pont-Neuf,
elles couvrirent une grande partie du quai de
l'Ecole, l'embouchure de la rue du petit Bourbon,
une partie de ce quai et de celui des Galeries du Louvre
depuis la porte qui répond au nouveau pont des
Arts jusqu'à 94 mètres au-delà du guichet de la
rue St.-Thomas-du-Louvre : elles avaient 2 mètres
60 centimètres de hauteur au coin de celui de la rue
Froimanteau, sur le quai, et s'étendaient dans cette
rue jusque vers le milieu de la place du Muséum.

Les eaux, retenues par les murs de quai des Tuileries et du pont de la Concorde, ne commencèrent
à s'étendre latéralement qu'au droit du pavillon situé
près de la chaussée de la route de Versailles, et décrivant une courbe, elles allèrent s'appuyer contre les
bords de la grande avenue des Champs-Elysées, qu'elles
longèrent jusque vis-à-vis la rue d'Angoulême; et de
ce point, redescendant presque en ligne droite sur les
bâtimens de la fonderie des pompes à vapeur de Chail-
lot, elles reprenaient le quai des Bons-Hommes, qui

D

en était entièrement couvert ainsi que le chemin
de Versailles au-delà la barrière, à l'angle de laquelle, côté de la rivière, elles étaient élevées d'un
mètre 12 centimètres. Toutes les parties comprises
entre la rivière et les points qu'on vient d'indiquer
étaient entièrement sous les eaux.

Sur la rive gauche, en partant du petit pont qui
traverse la berge de la Gare, en face d'un pavillon
entre le quai de Bercy et celui de la Rapée, l'eau
était élevée de 2 mètres 50 centimètres sur la chaussée, prise à 140 mètres de distance, en amont de ce
pont : elle occupait tout l'emplacement de la gare
projetée, et longeait les murs de la Salpétrière, dont
elle inondait quelques portions de terreins, et les
cours de la buanderie.

La partie de la rue Poliveau où est située la
fonderie en fer, fut couverte ainsi qu'une partie de
l'esplanade au-devant de la grande porte de la Salpétrière, jusqu'à 144 mètres du milieu de cette porte,
mesurés le long des murs.

L'eau monta d'un mètre 13 centimètres sur le pont
de pierre qui traverse la rivière de Bièvre au port de
l'Hôpital, et en suivant une direction à-peu-près parallèle à celle du cours de la rivière, lorsqu'elle est dans
son lit naturel, elle baignait le pied des premiers
arbres des boulevards, se soutenait à la hauteur de la
deuxième marche de l'entrée du Jardin des plantes,
et couvrait de 40 centimètres l'extrémité du trottoir

qui règne le long de la terrasse, du côté de la ménagerie.

En refluant dans la Bièvre, elle inonda presque entièrement les terreins compris entre le boulevard, une partie de la rue Poliveau, la rue du Jardin des plantes et celle de Buffon ; elle s'introduisit dans cette dernière vis-à-vis de la grille qui répond au grand bassin creusé pour les oiseaux aquatiques, et parvint jusqu'au pied de l'enceinte de ce bassin. De son côté, la Bièvre débordée inonda tous les terreins qu'elle traverse ; ses eaux pénétrèrent par l'égoût de la rue du Censier jusque dans celles Mouffetard et de l'Oursine, où elles s'étendirent peu.

En reprenant le cours de la Seine, on trouve que tout le quai Saint-Bernard et partie des chantiers qui le bordent furent inondés ainsi que la rue de Seine, dans laquelle les eaux remontèrent sur 243 mètres de longueur ; elles étaient à un mètre 80 centimètres à l'angle de cette rue, et à 30 centimètres au coin de celle des Fossés-Saint-Bernard.

Les deux tiers de l'île Louviers furent couverts : heureusement que la partie conservée pouvait encore communiquer avec le pont de Grammont.

L'eau s'élevait à 50 centimètres au-dessus du pavé de l'extrémité orientale de l'île de la Fraternité, et plus de la moitié du quai d'Anjou était interceptée.

Au-delà du pont de la Tournelle, les eaux s'alignèrent sur les bornes qui font la limite du port ; s'élargissant ensuite, elles couvrirent entièrement la

chaussée jusqu'à l'ancien bâtiment des Miramiones,
pénétrèrent par la rue des Petits-Degrés et celle
Pavée, dans les rues des Rats, de la Bucherie, des
Grands-Degrés, Perdue, de Bièvre et des Bernardins ;
dans la place Maubert, qu'elles couvrirent de 47 centimètres, près le corps-de-Garde, et d'où elles se
portèrent à l'entrée des rues Saint-Victor, de la
Montagne-Sainte-Geneviève, des Noyers, des Lavan-
dières, Galande, des Trois-Portes, et dans le cul-
de-sac d'Amboise ; l'extrémité de la rue du Fouare
donnant dans celle de la Bucherie en fut aussi at-
teinte.

Resserrée dans le bras de l'Hôtel-Dieu, l'eau ne
put pénétrer dans le carrefour qui est au bas de la
place Saint-Michel que par le cagnard qui descend
à la rivière : elle couvrit ce carrefour sur environ
30 centimètres réduits de hauteur, s'étendit rue Saint-
André-des-Arts jusque vis-à-vis celle Mâcon, et à
12 à 15 mètres seulement dans les rues de la Vieille-
Bouclerie et de la Huchette. En aval du pont Saint-
Michel, elle occupa une partie du quai des Grands-
Augustins, dont elle surmonta le trottoir de 26 centimètres en face de la rue Gît-le-Cœur ; elle entra de
30 mètres environ rue du Hurepoix, et s'étendit sur
le quai jusqu'à 58 mètres au-delà de la rue Pavée,
au coin de laquelle elle avait 43 centimètres d'élévation ; elle y pénétra jusqu'en face de la rue de
Savoie. La rue Gît-le-Cœur fut également inondée
sur 70 centimètres de hauteur pris au coin de la rue

du Hurepoix, et dans toute sa longueur jusqu'à 10 mètres de la rue Saint-André-des-Arts.

Les eaux pénétrèrent encore sur le quai par l'embouchure de l'égout qui est en face de la rue des Grands-Augustins ; mais elles n'en couvrirent qu'une petite surface en se prolongeant en croix, suivant la pente des ruisseaux.

Sur la rive droite du bras du grand Hospice, l'eau parvint au ruisseau qui sépare le quai des Orfévres de la rue Saint-Louis, s'introduisit, par un égout, dans la rue de Jérusalem et dans celle de Nazareth, couvrit une grande partie de la cour principale de la Préfecture de police, à la porte de laquelle elle avait 48 centimètres d'élévation : elle s'étendit également dans une partie de la cour de la ci-devant Sainte-Chapelle, depuis la rue Sainte-Anne jusqu'à l'entrée de celle de Nazareth, et monta de 4 centimètres sur le seuil de la porte de l'hôtel de la Comptabilité nationale.

En remontant vers la partie orientale de l'île de la Cité, on remarquera que les eaux entrèrent par la rue de l'Abreuvoir dans les jardins qui bordaient anciennement les bâtimens de l'Archevêché ; qu'elles couvrirent une partie de ceux qui sont en face de l'île de la Fraternité, entre le mur de quai et la rue des Chanoinesses ; qu'elles inondèrent toute la rue des Chantres, celle d'Enfer, le port Saint-Landry ainsi que les autres descentes qui communiquent de cette rue à la rivière : au coin de la rue Saint-Landry

et de celle des Ursins, elles avaient un mètre 72 centimètres, et un mètre 5 centimètres au coin de la
rue des Chantres et du cul-de-sac qui est en face de
la rue d'Enfer.

Reprenant la rive gauche au Pont-Neuf, on trou-
vera qu'elles sont parvenues, par la rampe qui descend
au port des Théatins, en face de la rue des Petits-
Augustins, jusqu'à environ 6 mètres de l'angle du
parapet et du trottoir ; qu'elles ont baigné, de droite et
de gauche seulement, le pied du corps-de-garde qui
est en face de la rue des Saints-Pères ; qu'elles se sont
élevées à 7 mètres 88 c. environ sur l'échelle du pont des
Tuileries, au-dessous duquel elles sont entrées, par le
quai d'Orsai, dans la rue de Poitiers, sur une hauteur de 80 centimètres mesurés au coin de cette rue,
côté du quai ; à 50 centimètres au coin de celle de
Lille ; à 40 centimètres au coin de celle de Verneuil,
et à 20 centimètres au coin de celle de l'Université,
dans laquelle elles se sont étendues sur 92 mètres en
remontant vers la rue du Bacq, et sur 50 mètres vers
celle de Belle-Châsse : celle-ci a été de même inondée dans toute sa longueur jusqu'à la rue Saint-Dominique, l'eau étant à 90 centimètres au coin de la
première sur le quai d'Orsai, côté du pont des Tuileries, et à un mètre au coin opposé ; à 52 centimètres
au coin de celle de Lille ; et à 25 centimètres au coin
de celle de l'Université.

De la rue de Belle-Châsse, les eaux se portèrent,
par une ligne oblique et presque droite, sur la tête

du mur de quai du pont de la Concorde; et remontant au-delà de ce pont, le long du perré qui en termine le mur de quai, en aval, elles s'épandirent sur ce quai et dans toute l'esplanade des Invalides, jusqu'à la hauteur de la rue Saint-Dominique, dans laquelle elles entrèrent sur une longueur d'à-peu-près 25 mètres, côté du palais du Corps législatif, et seulement à 83 mètres de l'angle de cette même rue, côté du Gros-Caillou. La rue de l'Université en fut couverte d'un côté jusqu'à la place qui est au-devant de ce palais, et de l'autre côté de l'esplanade jusqu'à 18 mètres au-delà de la rue Saint-Jean dans le Gros-Caillou. On mesurait un mètre 60 centimètres au coin des bâtimens dépendans du palais et de la rue de l'Université, et un mètre 65 centimètres au coin des murs de jardin, côté de la rivière.

Dans le Gros-Caillou, les rues Saint-Nicolas, de la Boucherie et de la Vierge, furent entièrement inondées, ainsi que tous les terreins compris entre l'île des Cygnes, l'avenue extérieure du Champ-de-Mars et la rue Saint-Dominique. Le sol sur lequel est assise l'église Saint-Pierre se trouvant un peu plus élevé que le reste, les eaux n'en approchèrent qu'à environ 16 mètres; et décrivant une courbe depuis le coin des rues de la Vierge et de Saint-Dominique jusqu'à celui de cette dernière rue et de celle de la Boucherie, elles laissèrent libre une partie de la rue Saint-Jean sur une longueur de 116 mètres mesurés au milieu de la chaussée. La rue de l'Etoile en fut exempte.

Avant d'aller plus loin, on observéra que les eaux ayant trouvé une issue par l'égoût de la rue de Bourgogne, en face de celle de Bourbon, se portèrent dans ces deux rues et sur la petite place où est situé le réservoir des pompes à vapeur, dont elles couvrirent irrégulièrement toute la surface comprise entre l'angle du pavillon du palais, celui des premiers bâtimens de la grande place et la rue de Courty.

Vers le Champ-de-Mars, on trouve les eaux à une hauteur d'un mètre 25 centimètres au coin du quai d'Orsai et de l'avenue extérieure, et à 80 centimètres au-dessus du sol de la guérite en pierre qui termine intérieurement le retour d'équerre des fossés. De ce point, elles se sont étendues sur 39 mètres de longueur dans l'allée du milieu; de 154 mètres sur la contr'allée, côté du Gros-Caillou, et de 270 mètres sur celle parallèle, mesurés le long du mur des fossés qu'elles remplissaient de chaque côté du Champ-de-Mars jusqu'aux ponceaux qui les traversent en face de la rue St.-Dominique. Dans le Champ-de-Mars, elles parvinrent jusqu'au second *vomitoire* à 452 mètres de distance de la porte d'entrée, côté de la rivière, dont le seuil était couvert d'eau sur un mètre 25 centimètres de hauteur réduite. Le niveau des avenues intérieures a été tellement bien observé, que les eaux se sont portées sur celles de droite et de gauche à la distance égale de 160 mètres.

Tous les jardins-marais et habitations compris entre le Champ-de-Mars, l'enclos de Grenelle, la barrière

riére des ministres, au pied de laquelle elles sont venues battre, le boulevard extérieur entre cette bar-
riére et celle de la Cunette, où se sont terminées les
observations, ont été couverts d'eau : elle s'élevait à
30 centimètres à l'angle du mur de la cour de cette
dernière barrière, et à 80 centimètres sur le neuvième
arbre des boulevards extérieurs.

Après avoir indiqué les limites de l'inondation et
tous les points intéressans sur lesquels les eaux de
la rivière se sont immédiatement portées, on va dé-
signer ceux de l'intérieur de Paris où elles sont parvenues par différentes bouches d'égoûts.

La tête de celui de la grande rue du faubourg Saint-
Honoré, au coin de celle neuve du Colysée, fut couverte
de 22 centimètres, et les eaux s'étendirent, en remontant vers l'église de Saint-Philippe, à 81 mètres de
distance sur la chaussée, et à 272 mètres du côté de
la rue de Marigny. Elles entrèrent de 18 mètres dans
la rue neuve du Colysée, au coin de laquelle elles
avaient huit décimètres de hauteur; de 108 mètres
dans la rue Verte, à l'entrée de laquelle elles étaient
élevées de 46 centimètres réduits; d'environ 60 mètres
dans la petite rue Verte et dans celle Milet : elles
avaient 14 centimètres de hauteur au coin de la
première.

Une autre partie de la grande rue Verte fut
encore inondée, sur 178 mètres de longueur, vis-
à-vis celle de la Ville-l'Évêque, et cette dernière sur
84 mètres.

E

Les eaux pénétrèrent aussi dans la rue d'Anjou, mais à peu de distance de l'égoût. Elles s'étendirent dans toute la rue de la Pologne, depuis la rue neuve des Mathurins jusqu'à celle St.-Lazare, dans laquelle elles se portèrent de droite et de gauche sur environ 162 mètres de longueur, et baignèrent les deux encoignures de la rue du Rocher; elles avaient 30 centimètres de hauteur à l'angle de la rue de la Pologne.

La majeure partie des terreins compris entre les rues de la Pépinière, Saint-Lazare, le ci-devant couvent des Capucins et les rues de l'Égoût, Roquépine et Verte furent noyés; mais celles de Miroménil et d'Astorg restèrent au-dessus de l'eau. Les bouches d'égoût rue de l'Egoût, et de celui de la rue Saint-Georges, au coin de celle des Victoires, donnèrent aussi un peu d'eau: ce dernier égoût couvrit le carrefour formé par leur intersection, et les eaux s'épandirent en croix dans chacune d'elles sur une longueur d'environ 38 mètres. Elles s'introduisirent encore dans la rue du faubourg Saint-Honoré par les deux bouches d'égoût de celle des Champs-Elysées, sur le caniveau desquels elles s'élevèrent à 35 centimètres, côté de l'est, et à 40 à l'ouest; mais elles n'atteignirent pas la rue de la Madeleine.

L'égoût de la rue Saint-Florentin emplit une partie de cette rue jusque vis - à - vis la porte des écuries de l'hôtel de la Légation prussienne, et celle Saint-Honoré sur 41 mètres, en remontant vers les boulevards, et 152 mètres du côté opposé: celui de la rue de la Sonnerie inonda une partie de la petite place où il est situé jusqu'à l'entrée de la rue Pierre-à-Poissons.

L'égoût de la rue du Chemin-Vert facilita l'introduction des eaux dans cette rue sur 206 mètres de longueur, dont 28 mètres du côté de la rue Saint-Pierre, et 178 du côté de celle de Popincourt. Les eaux s'élevèrent d'un mètre 6 centimètres au-dessus des dalles de la gargouille de l'égoût, et se répandirent dans tout le terrein compris entre la rue du Chemin-Vert et la ruelle qui est à l'extrémité de la rue Saint-Sabin, sur 238 mètres de longueur.

Les eaux pénétrèrent encore dans la rue de la Roquette par l'égoût qui est à son entrée, du côté de la rue de Lappe, et dont elles couvrirent le caniveau sur 50 centimètres de hauteur ; mais elles ne s'étendirent que sur 57 mètres en remontant la rue de la Roquette, et sur 7 mètres seulement du côté de la rue de Lappe.

Au midi de Paris, l'égoût de la rue de Seine inonda toute la partie de cette rue comprise entre celle Mazarine et de l'Echaudé, ainsi que 109 mètres de la rue des Marais.

Il est à remarquer que, dans plusieurs quartiers assez élevés, les eaux ne pénétrèrent dans les caves que plusieurs jours après que la rivière fut rentrée dans son lit, et que, dans les quartiers bas, beaucoup de caves restèrent sèches, quoique celles environnantes fussent inondées.

En jetant un coup-d'œil sur le grand plan de Paris, on pourra appliquer la même remarque à des rues entières qui ont été préservées, quoique leur sol ne fût pas plus élevé que celui des rues circonvoisines , sous lesquelles les eaux se sont étendues. Il est facile d'expliquer cette espèce de phénomène, par les différentes natures de terreins plus ou moins compacts, plus ou moins perméables en certains endroits, et par celles des fondations de bâtimens plus ou moins profondes et plus ou moins bien construites.

On peut attribuer l'inondation des caves dans les lieux élevés, 1°. à l'infiltration souterraine des eaux de la rivière épandues au loin sur de grandes surfaces de terres supérieures au sol de Paris : obligées de se frayer un chemin, leur marche a dû être plus lente que celle des eaux de la rivière, et, conséquemment, elles ne sont parvenues dans les caves que long-tems après la retraite de celles-ci. D'un autre côté, Paris est dans un fond; il est surtout dominé par les buttes de Ménil-Montant, de Belleville et de Montmartre, sur lesquelles règne un banc de glaise dont la *déclivité* doit nécessairement déterminer la chute des eaux vers les quartiers du Temple, de St.-Lazare et de la chaussée d'Antin, où leur écoulement se trouve retardé, particulièrement dans ce dernier, par les murs de fondation des maisons qu'on y a bâties en grand nombre depuis quelques années. Les mêmes observations ont été faites en 1740, et se répéteront nécessairement à

chaque grande inondation ; mais une remarque satis-
faisante est celle relative à l'exhaussement successif du
sol de Paris, qui permet d'espérer qu'avec le tems-on
sera peu-à-peu débarrassé de tous les désagrémens
qu'entraînent les grosses eaux. A l'appui des preuves
multipliées que M. Bonamy en a rapportées dans son
Mémoire, on en peut citer une récente. En creusant,
il y a quelques années, le puits qui est adossé à l'oran-
gerie nouvellement construite dans les jardins du
Muséum d'histoire naturelle, et dans lequel est une
pompe que les chameaux font mouvoir, on a trouvé,
à environ 8 mètres de profondeur, deux arches d'un
pont en pierre, sous lequel il est probable que la
Bièvre passait autrefois.

L'administration de la grande voierie peut, par de
sages mesures, rapprocher l'époque où cet exhaussement sera parvenu à un terme suffisant, et on ne
doit point douter qu'un objet de cette importance
ne fixe toute son attention.

On doit rappeler encore qu'en 1740 les approvi-
sionnemens de toute espèce manquèrent à Paris, et
qu'en l'an 10 on s'aperçut à peine que les chemins et
la navigation étaient interceptés.

Tels sont les principaux événemens que l'inondation de l'an 10 a présentés, et les observations qu'elle
a fait naître : on les a recueillis avec soin et on les a
exposés avec la plus scrupuleuse exactitude.

C'est aux savans, aux météorologistes et aux
physiciens qu'il apppartient d'en découvrir les causes

et de reconnaître celle des pluies, des orages, des ouragans, des tempêtes et des tremblemens de terre
qui ont précédé les débordemens dont l'Italie, la
Grèce, l'Allemagne, la Hollande et la France ont
été simultanément les victimes.

FIN.

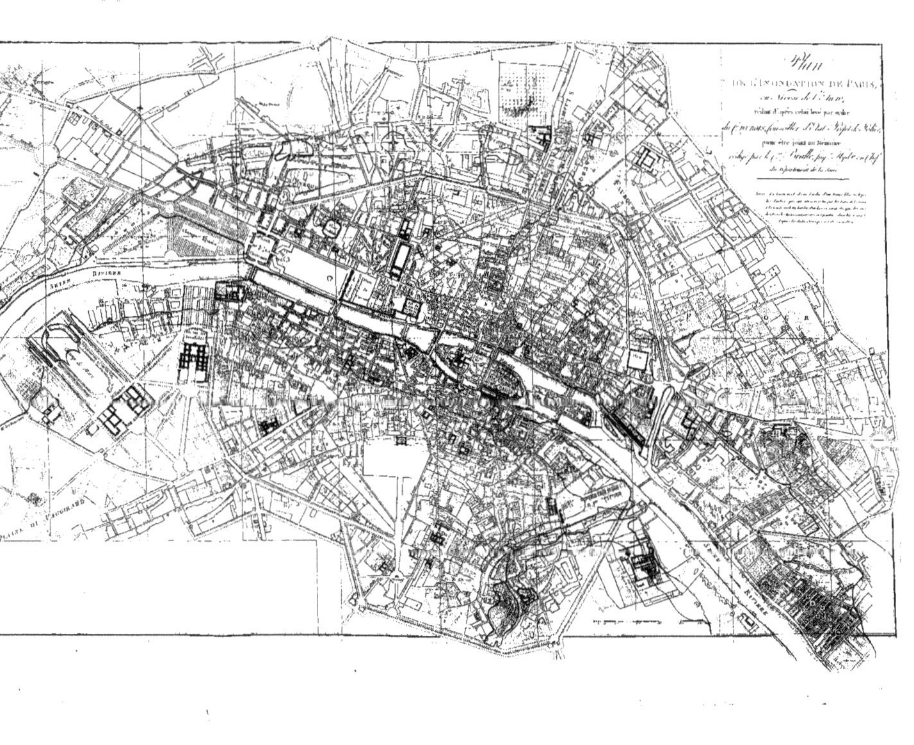

Plan
DE L'INONDATION DE PARIS,